B. Muthuchozharajan
A. Senthilkumar

# Caraterísticas mecânicas e de maquinabilidade de laminados de fibra metálica

B. Muthuchozharajan
A. Senthilkumar

# Caraterísticas mecânicas e de maquinabilidade de laminados de fibra metálica

ScienciaScripts

Cover image: www.ingimage.com

This book is a translation from the original published under ISBN 978-3-659-82593-4.

Publisher:
Sciencia Scripts
is a trademark of
Dodo Books Indian Ocean Ltd. and OmniScriptum S.R.L publishing group

120 High Road, East Finchley, London, N2 9ED, United Kingdom
Str. Armeneasca 28/1, office 1, Chisinau MD-2012, Republic of Moldova, Europe
Printed at: see last page
**ISBN: 978-620-8-20995-7**

## RECONHECIMENTO

É com imenso prazer que agradeço ao nosso honorável presidente, **Sr. S. Mohamed Jaleel, B.Sc., B.L.**, pelo seu encorajamento para completar esta primeira fase de trabalho. Agradeço igualmente ao nosso diretor executivo, **Sr. S. M. Seeni Mohaideen, B.Com., M.B.A.**, e ao nosso diretor executivo adjunto, **Sr. S. M. Seeni Mohamed Aliar Maraikayar B.E.**, pelo seu apoio moral para levar a cabo este trabalho de projeto (Fase I).

Gostaria de expressar a minha gratidão ao meu supervisor, **Dr. A. Senthil Kumar M.E., Ph.D., Diretor**, Sethu Institute of Technology, pela sua orientação competente e apoio atempado para concluir este trabalho de projeto (Fase I) num curto período de tempo.

Gostaria de agradecer ao **Dr. G.D. Siva Kumar, M.E., Ph.D., Professor e Vice-Diretor do** Sethu Institute of Technology, pelo seu apoio moral e sugestões para concluir este trabalho de investigação em grande estilo

Quero exprimir o meu profundo sentimento de gratidão ao **Dr. R. Muralikannan, M.E., Ph.D., Professor e responsável pela Engenharia CAD/CAM,** Instituto de Tecnologia de Sethu, pelas suas valiosas sugestões e esforços empenhados na conclusão do meu projeto de trabalho

Agradeço também a todos os meus colegas e amigos do Instituto de Tecnologia de Sethu pelo seu apoio emocional na conclusão do trabalho da fase I deste projeto.

Estou grato aos meus familiares e aos meus amigos por me terem dado um apoio emocionante para a realização deste trabalho. É a eles que dedico este trabalho de projeto.

# ÍNDICE

RECONHECIMENTO ........................................ 1

ÍNDICE ........................................ 2

RESUMO ........................................ 3

CAPÍTULO 1 ........................................ 4

CAPÍTULO 2 ........................................ 10

CAPÍTULO 3 ........................................ 18

CAPÍTULO 4 ........................................ 29

CAPÍTULO 5 ........................................ 43

CAPÍTULO 6 ........................................ 44

# RESUMO

O objetivo deste trabalho de projeto foi avaliar as caraterísticas mecânicas e de maquinabilidade de laminados de alumínio reforçado com fibra de vidro (Glare), bem como de folhas de alumínio da mesma espessura. Para além disso, a resistência à tração e à flexão dos laminados Glare foi comparada com os valores das chapas de alumínio. Neste projeto, os FMLs à base de alumínio foram fabricados utilizando a técnica de colocação manual e cortados de acordo com as normas ASTM. Foram preparados três tipos de camadas, tais como laminados 2/1 Glare, 3/2 Glare e 5/4 Glare. A máquina UTM controlada por computador foi utilizada para determinar as propriedades de tração e flexão e o modo de rutura dos laminados Glare e das chapas de alumínio lisas com a mesma espessura. A partir dos resultados dos ensaios, foram traçados gráficos para a carga versus deslocamento, resistência à tração e à flexão versus espessura das camadas. Os resultados mostram que a resistência à tração e à flexão dos laminados Glare depende exclusivamente da percentagem volumétrica de fibra e apresenta melhorias em relação às propriedades das chapas de alumínio. Em seguida, avaliam-se os parâmetros de corte (velocidade de corte e velocidade de avanço) e a influência das fibras no fator de delaminação (Fd). Foi realizado um trabalho experimental envolvendo a perfuração com parâmetros de corte em laminados Glare utilizando uma broca HSS. Foi estudado o efeito da velocidade de corte no fator de delaminação (Fd) para a fresa de topo HSS e para a broca helicoidal HSS. A delaminação observada é mínima no caso de velocidade de corte e avanço elevados para a ferramenta HSS. A dureza do material da broca contribui significativamente para a variação das forças e do acabamento.

Palavras-chave: Laminados de alumínio reforçados com fibra de vidro (Glare), chapa de alumínio, técnica de colocação manual, propriedades de tração, propriedades de flexão, fator de delaminação e velocidade de corte

# CAPÍTULO 1
# INTRODUÇÃO
## 1.1 INTRODUÇÃO AOS MATERIAIS COMPÓSITOS

Foi desenvolvida uma nova classe de laminados leves de fibra metálica (FML) para aplicações estruturais. Consistem em folhas finas de liga de alumínio ligadas alternadamente com camadas de epóxi reforçadas com fibras. Estes laminados estão a ser cada vez mais utilizados na indústria aeronáutica para aplicações estruturais. As propriedades mecânicas dos LMF apresentam um desempenho superior às propriedades das ligas de alumínio e dos materiais compósitos individualmente [1, 2]. Os laminados de fibra metálica têm vindo a aumentar a sua utilização em aplicações estruturais como a indústria automóvel, marítima, estruturas espaciais e uso militar na indústria aeronáutica devido à sua significativa redução de peso no projeto estrutural, elevadas resistências à tração e à compressão, boas propriedades de resistência à fadiga e à corrosão [3 - 5]. Os compósitos poliméricos são susceptíveis de sofrer danos mecânicos quando são sujeitos a esforços de tração, flexão e compressão que podem levar à falha do material. Por conseguinte, é necessário utilizar materiais com maior tolerância ao dano e efetuar uma avaliação mecânica adequada. A tolerância ao dano dos compósitos poliméricos epoxídicos pode ser melhorada através do reforço da matriz com fibras, melhorando as propriedades interlaminares [6, 7]. Prashanth Banakar et al realizaram um trabalho experimental para determinar as propriedades de tração e de flexão dos laminados Glare. Verificaram que a resistência à tração e à flexão dos laminados de fibra metálica depende exclusivamente da espessura das camadas [8].

Krishnakumar [9] demonstrou que a resistência à tração de muitos laminados de fibra-metal é superior à das ligas de alumínio tradicionais de qualidade aeroespacial. Wu et.al [10] previram as propriedades mecânicas dos laminados Glare utilizando a abordagem da fração de volume de metal baseada numa regra de misturas. Alderliesten [11] efectuou uma série de ensaios de fadiga em amostras de Glare e de ligas de alumínio simples e verificou que as taxas de crescimento de fissuras em laminados fibrometálicos são entre uma e duas ordens de grandeza inferiores às das amostras de ligas de alumínio. Rajesh Mathivanan et al [12] fabricaram laminados de polímeros reforçados com fibra de vidro (GFRP) e de GFRP à base de grafite através da técnica de colocação manual. Efectuaram o ensaio de flexão com entalhe final para determinar a resistência à delaminação. Pourkamali Anaraki et al

[13] investigaram o efeito da reparação de chapas de alumínio com fissuras centrais utilizando os remendos FML. Os processos de reparação foram conduzidos para caraterizar a resposta das estruturas reparadas a ensaios de tração. Esfandiar et al [14] analisaram o comportamento não linear do GLARE 4-3/2 e do GLARE 5-2/1 sob carga de tração no plano. Foram utilizadas as teorias da

plasticidade ortotrópica e da placa laminada modificada para prever o comportamento elástico-plástico dos laminados GLARE. Chandramohan. [15] relatou a perfuração de material compósito de polímero reforçado com partículas de fibras naturais. Um esforço para utilizar as vantagens oferecidas pelos recursos renováveis para o desenvolvimento de materiais biocompostos baseados em biopolímeros e fibras naturais e o seu trabalho centra-se na previsão da força de impulso e do binário dos materiais compósitos de polímeros reforçados com fibras naturais. Dilli Babu et al [16] investigaram a avaliação dos parâmetros de corte (velocidade de corte e taxa de avanço) e a influência das fibras sob o fator de delaminação (Fd). A abordagem baseia-se numa combinação de técnicas de Taguchi e na análise de variância (ANOVA)

## 1.2 LAMINADOS DE FIBRA METÁLICA

Um laminado de fibra metálica (ou FML) faz parte de uma classe de materiais metálicos que consiste num laminado de várias camadas metálicas finas ligadas a camadas de material compósito. Isto permite que o material se comporte como uma estrutura metálica simples, mas com vantagens específicas consideráveis no que respeita a propriedades como a fadiga do metal, o impacto, a resistência à corrosão, a resistência ao fogo, a redução de peso e propriedades de resistência especializadas. Sendo uma mistura de metais monolíticos e materiais compósitos, as LMF pertencem à classe dos heterogéneos.

Os laminados de fibra metálica (FML) são estruturas compósitas híbridas baseadas em folhas finas de ligas metálicas e camadas de materiais poliméricos reforçados com fibras. A tecnologia de compósitos de fibra/metal combina as vantagens dos materiais metálicos e dos sistemas de matriz reforçada com fibras. Os metais são, por exemplo, isotrópicos, têm uma elevada resistência ao rolamento e ao impacto e são fáceis de reparar, enquanto os compósitos completos têm excelentes caraterísticas de fadiga e elevada resistência e rigidez. As caraterísticas de fadiga e corrosão dos metais e a baixa resistência ao rolamento, resistência ao impacto e reparabilidade dos compósitos podem ser ultrapassadas pela combinação.

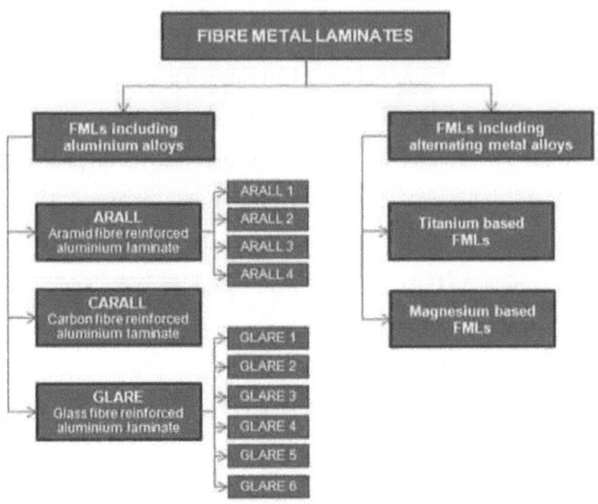


Fig 1.1 Classificação das LMF com base nas chapas metálicas

Estes sistemas de materiais são criados através da ligação de camadas laminadas compósitas a camadas metálicas. O conceito é normalmente aplicado ao alumínio com fibras de aramida e de vidro, mas também pode ser aplicado a outros constituintes. A Figura 1.4 apresenta uma classificação dos FML com base em camadas metálicas. Os FML mais comercialmente disponíveis são o ARALL1, baseado em fibras de aramida, e o GLARE1, baseado em fibras de vidro de elevada resistência.

### 1.2.1 ARALL

O primeiro produto comercial com a designação comercial ARALL foi lançado pela ALCOA. Os laminados ARALL são constituídos por fibras de aramida de elevada resistência, embebidas num adesivo epoxídico estrutural, ensanduichadas entre várias camadas de folhas finas de liga de alumínio. A Fig. 1.5 mostra uma apresentação esquemática do ARALL. A combinação de metais de elevada resistência (camadas de alumínio) e fibras fortes (camadas de aramida) gera um novo material compósito com um conjunto único de propriedades. Os laminados ARALL oferecem muitas vantagens, tais como elevada resistência e excelentes propriedades de fadiga. Além disso, mantêm as vantagens das ligas de alumínio, nomeadamente o baixo custo, a facilidade de maquinagem, a conformação e a capacidade de fixação mecânica, bem como uma ductilidade substancial [5]

Fig 1.2 Apresentação esquemática do laminado de fibra metálica (ARALL 2).

### 1.2. 2GLARE

Os laminados Glare pertencem à família dos laminados de fibra metálica e são constituídos por camadas alternadas de pré-agregados reforçados com fibra de vidro unidirecional e folhas de liga de alumínio de elevada resistência. Inicialmente, foram desenvolvidos para aplicações aeronáuticas como uma melhoria do ARALL com fibra de vidro avançada e introduzidos na Universidade Técnica de Delft, nos Países Baixos, em 1990. Mais tarde, uma parceria entre a AKZO e a ALCOA começou a funcionar em 1991 para produzir e comercializar o GLARE. A maior diferença do GLARE em relação ao ARALL é o facto de o GLARE ser constituído por fibras de vidro em vez de fibras de aramida. Esta diversidade confere propriedades superiores aos laminados GLARE [5]

Fig 1.3 Ilustração esquemática de um laminado GLARE de camadas cruzadas

### 1.2.3 CARALL

Os laminados CARALL foram desenvolvidos como uma melhoria dos laminados ARALL. Contêm diferentes quantidades de pré-agregados de carbono/epóxi em vez de pré-agregados de aramida/epóxi. A Fig. mostra uma ilustração esquemática dos laminados CARALL. Em comparação com a aramida/epóxi, os compósitos de carbono/epóxi possuem um módulo específico mais elevado, mas valores relativamente baixos de resistência específica, deformação até à rotura e resistência ao impacto. Em termos de fadiga, reconheceu-se que os compósitos de fibra de aramida têm melhor desempenho à fadiga de baixo ciclo, mas pior desempenho à fadiga de alto ciclo do que os compósitos de fibra de carbono. Além disso, a elevada rigidez das fibras de carbono permite uma ponte de fendas extremamente eficiente e, por conseguinte, taxas de crescimento de fendas muito baixas.

O CARALL é produzido de forma semelhante aos laminados ARALL e GLARE. Antes do processo de cura, as superfícies de alumínio são tratadas para uma adesão óptima entre a liga de alumínio e a resina epoxi. De seguida, são curadas em prensa quente. A combinação de elevada rigidez e resistência com boas propriedades de impacto confere aos laminados CARALL uma grande vantagem para aplicações espaciais. Outras aplicações para este laminado são os amortecedores de impacto para os suportes de helicópteros e os assentos de aviões [5].

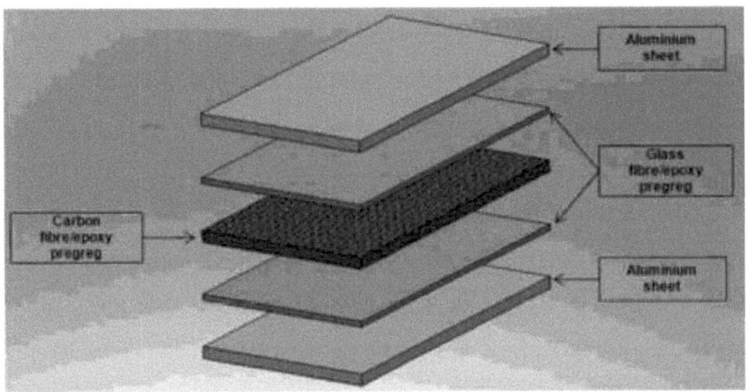

Fig 1.4 Uma ilustração esquemática dos laminados CARALL

## 1.3 VANTAGENS E DESVANTAGENS DOS LAMINADOS DE FIBRA METÁLICA

Os laminados de fibra metálica tiram partido dos compósitos metálicos e reforçados com fibras, proporcionando propriedades mecânicas superiores às da lâmina convencional constituída apenas por lâmina reforçada com fibras ou ligas de alumínio monolíticas.

A principal desvantagem associada aos laminados de fibra metálica à base de epóxi é o longo ciclo de processamento para curar a matriz polimérica nas camadas compósitas]. Este problema aumenta o tempo de ciclo de toda a produção e diminui a produtividade. Este facto aumenta os custos de mão de obra e o custo global dos LMF.

### 1.3.1 Produção de FMLs

Para produzir LMF, tal como para os materiais compósitos poliméricos, o processo mais comum envolve o processamento em autoclave. O cenário genérico global para a produção de LMF envolve cerca de cinco actividades principais.

1. Preparação de ferramentas e materiais. Durante esta etapa, as superfícies da camada de alumínio são pré-tratadas com ácido crómico ou ácido fosfórico, de modo a melhorar a ligação

adesiva entre a camada metálica e o laminado reforçado com fibras.

2. Deposição de materiais, incluindo corte, colocação e desmontagem.

3. Preparação da cura, incluindo a limpeza da ferramenta e a transferência da peça em alguns casos, e a preparação do saco de vácuo em todos os casos.

4. Cura, incluindo o processo de consolidação em fluxo, as reacções químicas de cura, bem como a ligação entre as camadas de fibra/metal.

5. Após o estiramento, após o ciclo de cura a quente (200 _C) no autoclave, os laminados de fibra metálica apresentam um sistema de tensão residual ao longo da espessura do material com uma pequena tensão de tração nas folhas de alumínio e compressão nas fibras, situação que afecta negativamente a resistência à fadiga dos FML. A operação de pós-estiramento após o ciclo de cura pode inverter o sistema de tensões residuais e resolver este problema.

6. Inspeção, geralmente por ultra-sons, raios X, técnicas visuais e ensaios mecânicos

### 1.3.2 Aplicações do FML

Devido às vantagens acima referidas, as LMF estão a ser muito utilizadas, sobretudo em aplicações aeroespaciais. Várias empresas têm interesse em substituir os componentes tradicionais de alumínio por compósitos FML. Tanto os laminados ARALL como os GLARE estão atualmente a ser utilizados como materiais estruturais em aeronaves. Os laminados de fibra metálica foram introduzidos com êxito no Airbus A380 [4]. A Fig. 3 mostra as aplicações de compósitos FML no avião Airbus A380. O ARALL foi desenvolvido para os painéis de revestimento da parte inferior da asa do antigo avião Fokker 27 e para a porta de carga do Boeing C-17. O material ARALL 3 está atualmente em produção e em testes de voo nas portas de carga do C-17 e o GLARE foi selecionado para o piso de carga a granel resistente ao impacto do Boeing 777.

# CAPÍTULO 2
## PESQUISA BIBLIOGRÁFICA

**Baumert.E.K et al** investiga as propriedades de tração e fadiga de um laminado de fibra metálica (FML) recentemente desenvolvido, constituído por epóxi reforçado com fibra de vidro e liga de alumínio 2024-T3. Devido ao fabrico pelo método de moldagem por transferência de resina assistida por vácuo (VARTM), o FML é mais barato do que o comparável GLARE 3. No entanto, as chapas metálicas têm de ser perfuradas para que o laminado se infiltre e estes orifícios actuam como iniciadores de fissuras. Os resultados dos ensaios de tração e fadiga são apresentados para duas FMLs VARTM de espessuras diferentes, com e sem furos na liga de alumínio, e comparados com as previsões das propriedades mecânicas, bem como com os dados do GLARE 3.

**Chandramohan.D, Marimuthu.K** (2011) apresentaram um trabalho sobre a perfuração de material compósito de polímero reforçado com partículas de fibras naturais. Um esforço para utilizar as vantagens oferecidas pelos recursos renováveis para o desenvolvimento de materiais biocompostos baseados em biopolímeros e fibras naturais foi feito através do fabrico de material em pó de fibras naturais (Sisal (Agave sisalana), Banana (Musa sepientum) e Roselle (Hibiscus sabdariffa)) reforçado com material de placa de polímero composto usando resina bio epóxi. O presente trabalho centra-se na previsão da força de impulso e do binário dos materiais compósitos poliméricos reforçados com fibras naturais, e os valores, comparados com o modelo de regressão e o esquema do fator/zona de delaminação utilizando o sistema de visão artificial, também discutidos com a ajuda do microscópio eletrónico de varrimento [SEM]. O modelo de máquina de deteção térmica de raios X dispersivos de electrões [EDX] foi utilizado para estudar a composição da microestrutura dos espécimes de compósitos

**Dilli Babu, K. Sivaji Babu, B. Uma Maheswar Gowd** (2012) são investigados para avaliar os parâmetros de corte (velocidade de corte e taxa de avanço) e a influência das fibras sob o fator de delaminação (Fd). A abordagem baseia-se numa combinação das técnicas de Taguchi e na análise de variância (ANOVA). Foi realizado um plano experimental envolvendo a perfuração com parâmetros de corte em Plástico Reforçado com Fibras Naturais (NFRP) utilizando uma broca de carboneto cimentado. Os resultados do fator de delaminação (Fd) do compósito NFRP foram comparados com os do compósito GFRP (Glass Fiber Reinforced Plastic). O objetivo era estabelecer uma correlação entre a velocidade de corte e a taxa de avanço com a delaminação de diferentes laminados reforçados com fibras. Os compósitos reforçados com fibras de cânhamo provocam menos danos do que os outros compósitos reforçados com fibras, ou seja, o fator de delaminação (Fd) é menor. A taxa de alimentação e a velocidade de corte são as que mais contribuem para o efeito de delaminação. De um modo geral, a utilização de uma velocidade de corte elevada e de um avanço baixo favorece uma delaminação mínima na perfuração para os quatro compósitos reforçados com fibras.

**Esfandiar.H et al** (2011) investigaram o comportamento não linear do GLARE 4-3/2 e do GLARE 5-2/1 sob carga de tração no plano. Foram utilizadas duas abordagens, nomeadamente a teoria da plasticidade ortotrópica e a teoria da placa laminada modificada, para prever o comportamento elástico-plástico dos laminados GLARE. Na abordagem da placa laminada modificada, as camadas de alumínio nos GLARE foram modeladas como sólidos elasto-plásticos ortotrópicos e as camadas de vidro/epóxi foram consideradas como sólidos ortotrópicos linearmente elásticos. Os resultados mostraram que os GLARE são mais fortes do que a liga de alumínio e que as relações tensão-deformação são quase bilineares nas direcções longitudinal e transversal. A resposta tensão-deformação indica que ambos os GLARE têm mais resistência na direção longitudinal em comparação com a direção transversal. As previsões analíticas da teoria das placas laminadas modificadas mostraram uma boa concordância com os resultados do modelo de plasticidade ortotrópica. Verificou-se que a resposta do rácio de Poisson no GLARE 5 é inferior ao caso semelhante no carregamento longitudinal do GLARE 4 devido à orientação 0o /90o /90o / 0o das fibras.

**Ehsan Sabah M. Al-Ameen, Muhanad Nazar Mustafa** (2011) são estudados Resistência à rotura de compósitos de tecido com furos perfurados e moldados O efeito de furos circulares perfurados e moldados em compósitos de tecido sobre a resistência à rotura foi examinado no ensaio de flexão. Foram utilizados três tipos de sistemas compósitos reforçados com tecido: fibra de vidro (vidro E), fibra de Kevlar e híbrido de vidro e Kevlar em matriz de poliéster. Todos estes tipos têm uma fração volumétrica de (30%) e um diâmetro de orifício de (1, 2, 3, 4 e 5 mm) para cada tipo. Os espécimes de flexão padrão ISO foram testados e repetidos três vezes. Verifica-se que os espécimes com furos moldados apresentam resistências à rotura superiores às dos espécimes perfurados em (7- 24%). Além disso, os valores dos factores de concentração de tensões ($\kappa_t$) aumentam com o aumento do tamanho do furo para todos os tipos de laminados, e foram dispostos numa ordem ascendente como se segue: Kevlar/poliéster, híbrido vidro-kevlar/poliéster e vidro/poliéster.

**Hocheng.H, Tsao.C.C** (2005), Os materiais compósitos reforçados com fibras possuem vantagens para fins estruturais em vários sectores. A delaminação é considerada a principal preocupação no fabrico das peças e na montagem. A perfuração é frequentemente aplicada no ciclo de produção, enquanto a anisotropia e a não homogeneidade dos materiais compósitos afectam a deformação das aparas e o comportamento da maquinagem durante a perfuração. Os processos de perfuração tradicionais e não tradicionais são viáveis para fazer furos finos em materiais compósitos através de uma seleção cuidadosa da ferramenta, do método e das condições de funcionamento. Neste artigo, é analisado o caminho para a perfuração sem delaminação de materiais compósitos. As principais cenas são ilustradas, incluindo os aspectos da abordagem analítica, a utilização prática de brocas especiais, furo piloto e placa de apoio, e o emprego de métodos de maquinação não tradicionais.

**Ion DINCÀ et al** (2005)Os laminados híbridos metal/fibra são constituídos por uma alternância de lâminas metálicas de 0,2 ÷ 0,5 mm (Alumínio ou Titânio em Engenharia Aeronáutica) e pré-impregnados de fibras unidireccionais de carbono ou de aramida ou de vidro ou do tecido bidimensional destes materiais, unidos por um adesivo polimérico (epóxi, especialmente). Em comparação com as lâminas metálicas monolíticas, a qualidade essencial destes laminados híbridos é a sua resistência superior à fadiga, ao impacto e à propagação de fissuras. Resultados sobre a resistência à flexão e à tração entre os laminados híbridos, as folhas de alumínio monolíticas e os laminados com quatro folhas de alumínio, com a mesma espessura que os laminados híbridos. Foi revelado o comportamento superior dos laminados de alumínio-fibra de carbono em comparação com os laminados de alumínio-fibra de vidro na seguinte hierarquia, a) Laminado híbrido 3 Al + 2 CF - $\sigma$ = 325 MPa. b) Laminado híbrido 3 Al + 2 GF - $\sigma$ = 188 MPa. c) Laminado constituído por 4 folhas de alumínio - $\sigma$ = 145 MPa.d) Os ensaios de tração revelaram a mesma hierarquia.

Os ensaios com o objetivo de avaliar o efeito do entalhe na resistência mecânica mostraram que os laminados híbridos apresentam uma resistência superior à das folhas de alumínio monolíticas. É de salientar que a superioridade do comportamento mecânico dos compósitos híbridos em relação ao alumínio monolítico consistiu na redução do efeito de entalhe e na redução da propagação de fendas.

**Jayabal.S, Natarajan.**U (2011) realizaram um estudo para utilizar a fibra de coco, uma fibra natural abundantemente disponível na Índia. Foram preparados compósitos de fibra de coco e poliéster e estudadas as suas caraterísticas mecânicas e de maquinabilidade. Os compósitos curtos reforçados com fibras de coco apresentaram uma resistência à tração, à flexão e ao impacto de 16,1709 MPa, 29,2611 MPa e 46,1740 J/m, respetivamente. As equações de regressão foram desenvolvidas e optimizadas para estudar as caraterísticas de perfuração dos compósitos de fibra de coco e poliéster utilizando a abordagem de Taguchi. Um diâmetro de broca de 6 mm, uma velocidade do fuso de 600 rpm e uma taxa de avanço de 0,3 mm/rev deram o valor mínimo de força de impulso, binário e desgaste da ferramenta na análise de perfuração. Com base neste estudo, foram tiradas as seguintes conclusões: O procedimento pode ser utilizado para prever as respostas à perfuração de compósitos reforçados com fibras de coco dentro das gamas de variáveis estudadas. O procedimento também pode ser utilizado para encontrar os valores óptimos dos parâmetros de maquinagem para a perfuração de compósitos reforçados com fibras de coco para reduzir o desgaste da ferramenta.

**Kawai.M** (2009) efectuou estudos experimentais e teóricos sobre os efeitos da dimensão do entalhe e da orientação das fibras na resistência ao entalhe fora do eixo do laminado de fibra metálica GLARE-3. A resistência ao entalhe diminuiu com o aumento do tamanho do entalhe, independentemente da orientação das fibras. A sensibilidade do entalhe no GLARE-3 foi mais elevada na direção da fibra e diminuiu com o aumento do ângulo de orientação da fibra, sendo a mais baixa na direção 45_. Um novo critério multiaxial para a rotura por tração de compósitos de fibras ortotrópicas entalhadas foi desenvolvido de um ponto de vista fenomenológico. A partir do critério de rotura multiaxial proposto, foi derivada uma lei de efeito de tamanho anisotrópico para prever a resistência ao entalhe fora do eixo de laminados compósitos ortotrópicos. Em comparação com os resultados experimentais do GLARE-3, foi demonstrado que a lei do efeito de tamanho anisotrópico pode prever com precisão e eficiência a resistência ao entalhe fora do eixo do GLARE-3, independentemente do tamanho do entalhe e da orientação das fibras.

**Khashaba.U.A, Seif M.A. Elhamid. M.A** (2006) apresentaram um trabalho sobre "Análise da perfuração de compósitos cortados". O principal objetivo do presente estudo é investigar os efeitos das variáveis de corte, velocidade e avanço, na força de impulso, binário e delaminação na perfuração de compósitos cortados com diferentes fracções de volume de fibra. Com base nos resultados desta investigação, são desenvolvidas fórmulas empíricas. Embora se saiba que a força de impulso e o binário aumentam com o aumento do avanço, este trabalho fornece medições quantitativas dessas relações para os materiais compósitos actuais. Por outro lado, o aumento da velocidade de corte reduz a força de impulso e o binário. As fórmulas empíricas que determinam as forças de corte com base nas fracções de volume de fibra, nos avanços e nas velocidades são obtidas utilizando uma análise de regressão linear multivariável.

**Mohammad Alemi Ardakani et al** investigam a resistência ao impacto e as caraterísticas de dano dos laminados Glare sob cargas de impacto de baixa velocidade. Foi efectuada uma série de ensaios de impacto, baseados na norma ASTM D7136, com diferentes energias, em três tipos de laminados Glare, nomeadamente Glare4/3, Glare3/2 e GlareWB3/2. Para além dos ensaios de impacto único, foram aplicados 10 e 20 impactos sucessivos para investigar o efeito de impactos repetidos no comportamento dos laminados. Os resultados experimentais mostram que a sequência de disposição e a ligação adesiva interfacial têm um efeito considerável no comportamento de impacto dos laminados Glare. A área danificada dos laminados Glare com uma má ligação adesiva interfacial foi muito maior do que a dos laminados com uma boa ligação. Em alguns casos, o rácio entre as áreas danificadas destes laminados foi até 3,5 vezes superior ao dos laminados GlareWB.

**Murugesh1 M.C e K.Sadashivappa**(2012) Investigaram a influência do material de enchimento em laminados compósitos de fibra de vidro/epóxi durante a perfuração. A perfuração é um processo de maquinação frequentemente praticado na indústria devido à necessidade de montagem de componentes em peças e estruturas mecânicas. Os processos de maquinagem são geralmente utilizados para cortar, perfurar ou contornar laminados compósitos para produtos de construção. De facto, a perfuração é um dos processos de fabrico mais utilizados para instalar elementos de fixação para a montagem de compósitos laminados. A anisotropia do material resultante do reforço de fibras influencia fortemente a maquinabilidade durante a maquinagem. A maquinagem de componentes de plástico reforçado com fibras (FRP) é frequentemente necessária, apesar do facto de a maioria das estruturas FRP poderem ser fabricadas com uma forma quase líquida e de a perfuração ser o processo de maquinagem secundário mais frequentemente utilizado para materiais reforçados com fibras. A utilização de materiais de enchimento como o TiO2 e a grafite demonstrou que uma melhor ligação da matriz de fibras tem o seu efeito nos valores dos factores de empuxo e de delaminação. O aumento da força de impulso como resultado do aumento do desgaste prévio da broca leva à destruição da matriz e à microfissuração nas interfaces das camadas, o que deteriora o acabamento da superfície. Os principais factores utilizados para avaliar o desempenho do processo são, sem dúvida, os danos causados na entrada ou na saída da broca do furo produzido. O dano diminui com os parâmetros de corte, o que significa que o dano composto é menor para uma velocidade de corte mais elevada dentro da gama de corte testada. A delaminação diminui à medida que a velocidade do fuso é elevada, provavelmente devido ao facto de a temperatura de corte ser elevada com a velocidade do fuso.

**Madhavan, S, Balasivanandha Prabu.S** (2012) investigaram o efeito das taxas de avanço, das velocidades de corte e da geometria da broca na delaminação, na rugosidade da superfície, nas forças de corte e na formação de aparas. Os resultados experimentais mostram que o processo de perfuração sem delaminação pode ser obtido através da seleção adequada da geometria da ponta da broca e dos parâmetros do processo. As baixas taxas de avanço parecem adequadas para a perfuração de laminados, uma vez que reduzem a força de impulso. A delaminação observada é mínima no caso de velocidade de corte e avanço elevados para a ferramenta PCD. A delaminação é também muito mínima para as ferramentas de carboneto e HSS a altas velocidades. O fator de delaminação aumenta com o aumento da velocidade de corte e do avanço, mas a alta velocidade e avanço diminui devido ao maior trabalho realizado, o que facilita a perfuração fácil de compósitos sem muita distorção. A dureza do material de perfuração contribui significativamente para a variação das forças e do acabamento.

**Marta Fernandes e Chris Cook** (2006) apresentaram um trabalho sobre "Perfuração de materiais compósitos de carbono utilizando uma broca de um disparo - Parte II: modelação empírica da força de impulso máxima". Foi demonstrado que as equações simplificadas de Shaw podem ser utilizadas para fornecer boas estimativas da força de impulso máxima e do binário para a perfuração de compósitos de carbono utilizando uma nova broca "one shot". Foi também demonstrado que a equação de Shaw para a força de impulso não é válida para brocas mais antigas e tem de ser corrigida para o efeito do desgaste da ferramenta. Além disso, a correção do desgaste da ferramenta depende da espessura da peça a trabalhar. Foi desenvolvido um modelo matemático que estima com sucesso a força de impulso e o binário máximos produzidos durante a perfuração de fibra de carbono utilizando uma broca de perfuração única.

**Prashanth Banakar et al** (2012) investigaram uma melhor compreensão das propriedades de tração de compósitos de resina epóxida reforçados com fibra de vidro. O efeito da orientação da fibra e da espessura dos laminados foi investigado e a experimentação foi efectuada para determinar os dados de propriedade para as especificações do material. Os resultados indicam que o aumento da espessura dos laminados tende a diminuir a resistência à tração. A carga necessária para fraturar a amostra depende completamente da espessura.

**Pourkamali Anaraki. A et al** (2012) investigaram o efeito da reparação de placas de alumínio com fissuras centrais utilizando os remendos FML. Os processos de reparação foram conduzidos para caraterizar a resposta das estruturas reparadas a ensaios de tração. Os remendos compósitos eram constituídos por uma camada de alumínio e duas camadas de compósito epóxi de vidro tecido. Foram examinados três comprimentos de fissura diferentes em três ângulos de fissura e diferentes disposições de remendos. Observou-se que, para as fissuras mais longas, o efeito do aumento do ângulo de fissura na carga de tração final da estrutura era maior. Foi indicado que a situação da camada metálica nos remendos FML teve um efeito importante na resposta à tração dos espécimes testados. Verificou-se que, quando a camada de alumínio está mais distante, a carga de tração final tem o valor mais elevado.

**Piquet, B. Ferret, F. Lachaud, P. Swider** (2000) estudaram a perfuração com uma broca helicoidal e uma ferramenta de corte específica de placas de suporte finas estruturais em carbono/epóxi. A perfuração com uma broca helicoidal dos furos dos parafusos para fixar uma placa rígida de reforço à frente do dano conduz a defeitos e danos na entrada, na parede do furo e na saída da placa. A possibilidade de fabricar carbono/epóxi com uma ferramenta de corte convencional foi analisada e os limites da broca helicoidal foram mostrados. Consequentemente, definimos uma ferramenta de corte específica. Foram efectuadas várias experiências comparativas utilizando uma broca helicoidal convencional e esta ferramenta de corte específica. Os resultados mostraram as capacidades da ferramenta de corte específica porque vários defeitos e danos normalmente encontrados em furos de torção foram minimizados ou evitados (danos de entrada, defeitos de arredondamento e diâmetro e danos de saída da placa).

**Rajesh Mathivanan et al.** (2012) refere a resistência à delaminação do GFRP. Foram fabricados dois tipos de laminados através da técnica de colocação manual: (i) tecido de fibra de vidro

(ii) laminados de matriz epóxi de fibra de vidro tecida com 3% de enchimentos de partículas de grafite. O teste End Notch Flexure (ENF) foi adotado para a medição da resistência à delaminação. A influência da taxa de carga e da tenacidade da matriz na fratura interlaminar em modo II. A tenacidade foi investigada em laminados de GFRP e de GFRP à base de grafite. Os espécimes de flexão com entalhe final foram testados a uma taxa de deslocamento da cruzeta de 5 mm/min. Foram efectuados ensaios de impacto de baixa velocidade a diferentes velocidades de impacto: 2,215, 3,132 e 4,429 m/seg. Os resultados também sugerem que, apesar da diferença do comportamento de crescimento de fendas nos espécimes ENF, os dois GFRP apresentam valores GIIC muito semelhantes.

**Rajkumar G R et al** (2012) estudaram a resposta de ensaios de impacto repetidos a baixa velocidade em laminados metálicos de fibra de vidro/epóxi Al (GEAML) e laminados metálicos de fibra de carbono/epóxi Al (CEAML) no mesmo local, utilizando um aparelho de teste de peso de queda. O CEAML, o GEAML e os painéis monolíticos de Al da mesma espessura sofreram impactos repetidos até quatro impactos. O efeito dos impactos repetidos na amostra é estudado em termos de carga de pico, energia absorvida, velocidade desacelerada e tempo de impacto em relação à deflexão com uma carga do pêndulo de 5,2 kg sob queda gravitacional. Os resultados mostram que as placas de Al, GEAML e CEAML apresentam um comportamento diferente tanto para a capacidade de carga como para o padrão de danos. A capacidade máxima de carga é mais elevada no caso do alumínio monolítico, mas os danos espalham-se por todo o provete, o que contribui para a capacidade de absorção de energia destas placas de Al. No caso da GEAML e da CEAML, os danos concentram-se apenas na zona de impacto, pelo que a capacidade de absorção de energia é menor.

**Tamer Sinmazçelik et** al (2011) descreve os efeitos dos tratamentos de superfície que melhoram a morfologia da superfície metálica para uma melhor ligação com os laminados compósitos. Foram introduzidos métodos de tratamento de superfície, tais como tratamentos mecânicos, químicos, electroquímicos, agentes de acoplamento e tratamentos de superfície secos, que mostraram um desempenho comparável para melhorar os laminados de fibra metálica. Esta melhoria pode ser controlada por vários métodos de ensaio. Estes relatórios de controlo fornecem informações de qualidade e são adequados para especificações de conceção. Nesta revisão, foram explicados em pormenor os métodos de ensaio de flexão, fadiga, tração, impacto de baixa e alta velocidade e ensaios de carga de explosão para determinar as propriedades mecânicas das LMF e os estudos de investigação utilizados a partir destes métodos de ensaio.

**Tsao.C.C e H. Hocheng** (2007) apresentaram um trabalho intitulado: "Avaliação da força de impulso e da rugosidade da superfície na perfuração de materiais compósitos utilizando a análise de Taguchi e a rede neuronal". No seu estudo, foi proposta uma abordagem experimental para a avaliação da força de impulso e da rugosidade da superfície produzida pela broca de vela utilizando a análise de regressão de experiências e a RBFN. Os autores descobriram que a taxa de avanço e o diâmetro da broca são reconhecidos como os factores mais significativos que afectam a força de impulso, ao passo que a taxa de avanço e a velocidade do fuso são consideradas como sendo as que mais contribuem para a rugosidade da superfície. Nos testes de confirmação, a RBFN demonstrou ser mais eficaz do que a análise de regressão multi-variável para a avaliação da força de impulso induzida pela perfuração e da rugosidade da superfície na perfuração de material compósito.

# CAPÍTULO 3
# PORMENORES EXPERIMENTAIS

## 3.1 INTRODUÇÃO

Um material compósito é um material no qual dois ou mais materiais distintos são combinados entre si, mas permanecem unicamente identificáveis na mistura. Diferentes materiais podem ser combinados a uma escala macroscópica, como na liga de metais, mas o material resultante é macroscopicamente homogéneo, ou seja, os componentes não podem ser distinguidos a olho nu e actuam essencialmente em conjunto.

## 3.2 PRODUÇÃO DE COMPÓSITOS

Foram fabricados três tipos de laminados Glare: Glare2/1, Glare3/2 e Glare5/4. O Glare foi preparado através da disposição de camadas alternadas do pré-impregnado de fibra de vidro/epóxi com 300 gms/m$^2$ E-glass chopped strand mat fornecido pela Goa Glass fibre Ltd e folhas de alumínio de 0,3 mm de espessura fornecidas pela JSK Industries. Os laminados anti-brilho são fabricados utilizando uma técnica de colocação manual. A técnica de colocação manual foi escolhida por ser ideal para o fabrico de baixos volumes com um custo mínimo de ferramentas [12]. Os laminados Glare 2/1 são constituídos por duas folhas de alumínio e um pré-impregnado de fibra de vidro/epóxi. O Glare 3/2 é constituído por três folhas de alumínio e dois pré-impregnados de fibra de vidro/epóxi, como ilustrado na figura, e o Glare 5/4 é constituído por cinco folhas de alumínio e quatro pré-impregnados de fibra de vidro/epóxi [17].

A fração nominal de peso das fibras em GFRP foi mantida constante em 60%. As camadas foram laminadas de modo a que as direcções da teia e da trama fossem paralelas aos bordos dos laminados. As placas foram depois pós-cura numa estufa a 100°C durante 4 horas, após terem sido curadas sob pressão de 15 kPa durante um dia à temperatura ambiente [17]. Estes laminados foram depois cortados até 250 mm x 25 mm para os espécimes de tração e 127 mm x 12,7 mm para os espécimes de flexão, de acordo com as normas ASTM D3039 e D790 [18,19], respetivamente.

O processamento do laminado de brilho foi i) abrasão manual com papel de óxido de alumínio de grão 200, para criar uma rugosidade, ii) gravação em acetona, iii) lavagem com solução alcalina diluída até 5 minutos a *60°C a 70°C,* iv) enxaguamento em água quente e gravação de folhas de alumínio em solução sulfocrómica (FPL-Etch) com base nas normas ASTM D2674 [20] e D2651 [21].

Fig 3.1 Limpeza com acetona

Fig 3.2 Revestimento de resina epóxi

## 3. 3ENSAIO DE TRACÇÃO

Os provetes de tração têm 250 mm de comprimento e 25 mm de largura. As espessuras são as seguintes: Glare 2/1 - 1,10mm, Glare3/2 - 1,50mm e Glare 5/4 -3,40 mm e comprimento de bitola de 100 mm foram preparados [18]. Os ensaios de tração foram realizados numa máquina de ensaios universal Autograph-AGIS-Shimadzu- 50KN de capacidade, a uma velocidade de cruzamento de 5 mm/min. Tração

As propriedades foram determinadas a partir destes espécimes. As Fig. 3.3 e Fig. 3.4 mostram o espécime antes e depois do ensaio de tração. A Fig. 3.5 mostra o espécime durante o ensaio de tração. Os espécimes são montados nas garras de uma máquina de ensaio universal e gradualmente carregados em tensão enquanto se regista a carga. A resistência máxima do material pode ser determinada a partir da carga máxima suportada antes da falha e também foram analisados vários modos de falha. Depois disso, o curso foi monitorizado com transdutores de deslocamento e, em seguida, a resposta tensão-deformação do material pode ser determinada, a partir da qual a tensão de tração e o módulo de elasticidade foram derivados [18].

Fig. 3.3 Provete antes do ensaio de tração

Fig. 3.4 Provete durante o ensaio de tração

Fig. 3.5 Espécime após o ensaio de tração

### 3.4 ENSAIO FLEXURAL

De acordo com a norma ASTM D790, foram preparados espécimes de flexão com 127 mm de comprimento e 12,7 mm de largura, 2/1 - 1,10 mm, 3/2 - 1,50 mm, 5/4 -3,40 mm de espessura. O espécime assenta em dois suportes e é carregado por meio de um nariz de carga a meio caminho entre os suportes (ver Fig. 3.6). Deve ser utilizada uma relação entre o vão do suporte e a profundidade de 16:1, a menos que haja razões para suspeitar que possa ser necessária uma relação maior entre o vão e a profundidade, como pode ser o caso de certos materiais laminados. Os ensaios de flexão foram realizados numa máquina de ensaios universal Autograph-AGIS-Shimadzu- 50KN de capacidade, a uma velocidade de cruzamento de 5 mm/min. O provete é deflectido até ocorrer rutura na superfície exterior do provete ou até ser atingida uma deformação máxima de 5,0 %, consoante o que ocorrer primeiro. O procedimento utiliza uma taxa de deformação de 0,01 mm/mm/min e é o procedimento preferido para este método de ensaio [19].

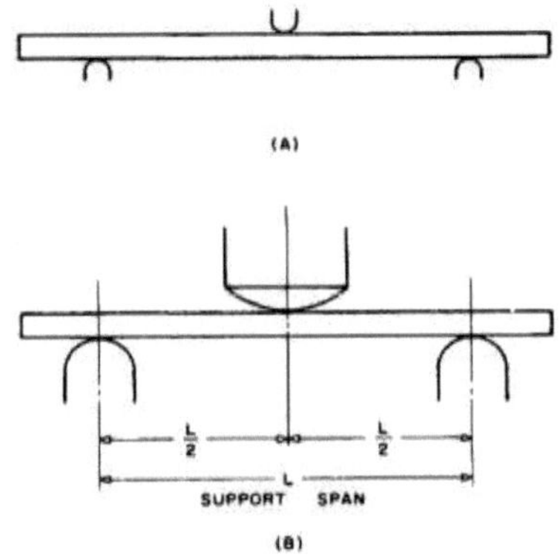


Fig. 3.6 Gama admissível de raios de apoio e de nariz de carga

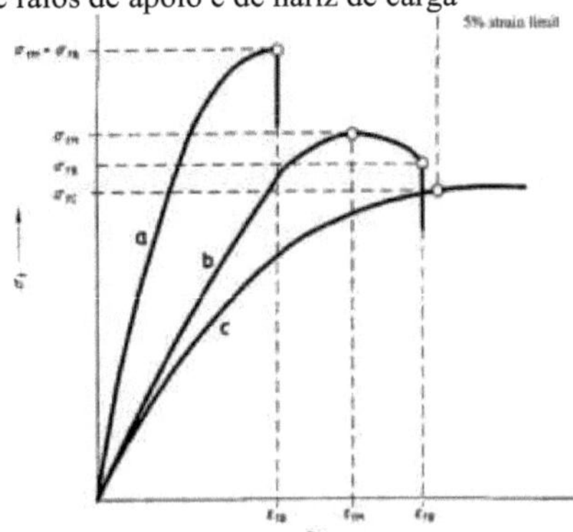


Fig 3.7 Curvas típicas de tensão de flexão versus deformação de flexão

Fig. 3.8 Provete antes do ensaio de flexão

Fig. 3.9 Espécime após ensaio de flexão

Fig. 3.10 Espécime durante o ensaio de flexão

Fig.3.11 Máquina UTM controlada por computador (SHIMADZU-50KN)

Fig 3.12 UTM durante o trabalho

## 3.5 PREPARAÇÃO DA MAQUINAGEM DO PROCESSO DE PERFURAÇÃO

A broca HSS utilizada nas experiências tinha 6, 8 e 10 mm de diâmetro. Os ensaios de perfuração foram efectuados no centro de maquinação CNC fornecido pela MTAB, Índia. A amostra de compósito laminado foi mantida numa fixação rígida ligada à mesa da máquina. A configuração experimental é mostrada esquematicamente na Fig. 3.13.

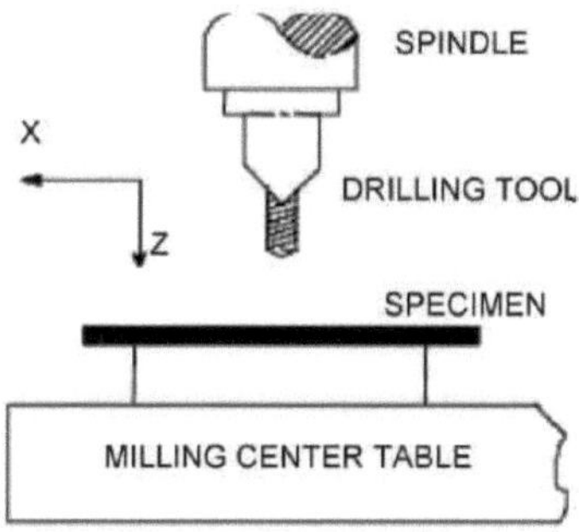


Fig. 3.13. Diagrama esquemático da instalação experimental

## 3.6 DELAMINAÇÃO

A vantagem dos materiais compósitos em relação aos materiais convencionais reside no facto de possuírem elevadas caraterísticas específicas de resistência, rigidez e fadiga, o que permite uma maior versatilidade na conceção estrutural. Devido à natureza não homogénea e anisotrópica dos materiais compósitos, o seu comportamento de maquinação difere em muitos aspectos da maquinação de metais. Nos últimos anos, os requisitos dos clientes têm colocado maior ênfase no desenvolvimento de produtos, com novos desafios para os fabricantes, tais como as técnicas de maquinagem. A maquinagem de materiais compósitos exige uma melhor compreensão do processo de corte no que diz respeito à precisão e eficiência. Apesar de o processo de forma quase líquida ter ganho muita atenção, os produtos mais complexos necessitam de maquinagem secundária para atingir a precisão necessária. A delaminação induzida ocorre tanto no plano de entrada como no plano de saída da peça de trabalho. Estas delaminações podem ser correlacionadas com a força de impulso durante a aproximação e a saída da broca. A delaminação é uma das principais preocupações na perfuração de furos em materiais compósitos. Para compreender os efeitos dos parâmetros do processo na delaminação, têm de ser realizadas numerosas experiências e construídos modelos matemáticos analisados com base nas mesmas. A modelação da formação de delaminação é altamente complexa e dispendiosa. Por isso, as abordagens estatísticas são amplamente utilizadas em vez dos modelos matemáticos convencionais.

### 3.6.1 Tipos de delaminação

**a. Delaminação por descasque**

O descolamento ocorre no plano de entrada da peça de trabalho. Isto pode ser explicado da seguinte forma. Após o corte, o bordo da broca entra em contacto com o laminado e a força de corte que actua na direção perpendicular é a força motriz da delaminação. Gera uma força de descasque na direção axial através da inclinação da flauta da broca, o que resulta na separação das lâminas umas das outras, formando uma zona de delaminação na superfície superior do laminado, que depende principalmente da velocidade e do ângulo de ponta.

**b. Delaminação push-down**

Push down é o mecanismo de delaminação que ocorre quando a broca atinge o lado de saída do material e pode ser explicado da seguinte forma. À medida que a broca se aproxima da extremidade, a espessura da apara não cortada diminui e a resistência à deformação diminui. A dada altura, a força de impulso excede a resistência da ligação interlaminar e ocorre a delaminação. Isto acontece antes de o laminado ser completamente penetrado pela broca, e depende principalmente da velocidade de avanço e do diâmetro da broca.

### 3.6.2 Fator de delaminação (Fd)

A delaminação é causada por diferentes parâmetros de perfuração. Foram estabelecidos vários rácios para a avaliação dos danos. Um deles é o fator de delaminação (Fd), um rácio entre o diâmetro máximo delaminado ($D_{max}$) e o diâmetro da broca ($D_0$). $F_d = D_{max}/D_0$. A diferente extensão dos defeitos intrínsecos de maquinagem do furo (delaminação) causados pela perfuração de cada espécime foi determinada utilizando o microscópio de ferramentas de resolução de 1 µm com ampliação de 30X. Foi utilizado para medir os danos de delaminação dos furos e cada ensaio foi repetido duas vezes. O valor do fator de delaminação (Fd) pode ser calculado utilizando a equação acima. A delaminação por descasque na entrada da broca helicoidal e a delaminação por empurrão na saída da broca helicoidal são mostradas na Figura 3.14.

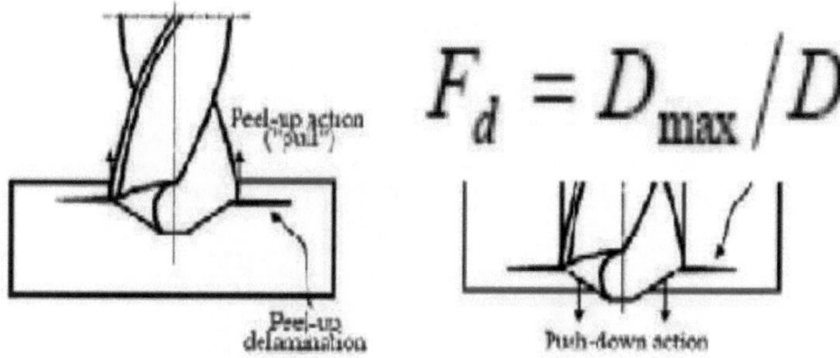


Fig 3.14 Delaminação na entrada (à esquerda) e na saída (à direita) da broca helicoidal durante a perfuração de laminados

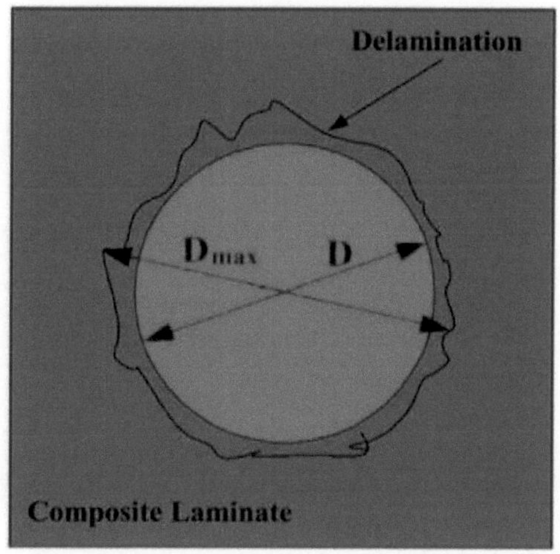


Fig. 3.15. Esquema da medição do diâmetro máximo (Dmax)

Fig 3.16 Configuração da experiência

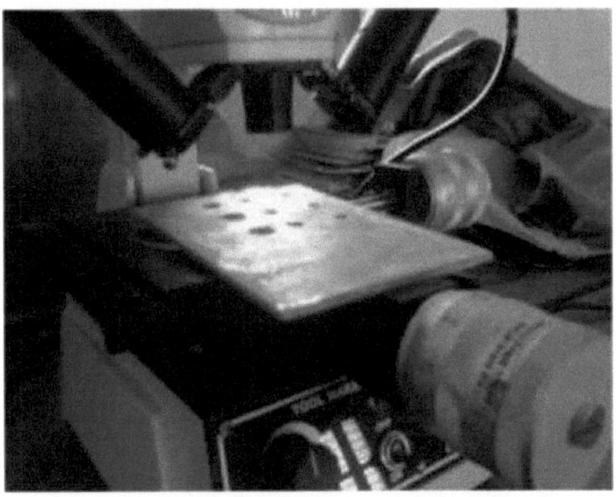

Fig 3.17 Vista do microscópio do fabricante de ferramentas

# CAPÍTULO 4
# RESULTADOS E DISCUSSÃO

A partir dos resultados dos ensaios (Tabela I a IV) foram apresentados os comportamentos à tração e à flexão e também foram discutidos a Carga vs. Deslocamento, a resistência à tração e à flexão vs. espessura da camada.

Um gráfico típico de Carga vs. Deslocamento dos laminados Glare2/1, 3/2 e 5/4 e também das folhas de alumínio com a mesma espessura de camada foi registado durante o ensaio de tração de acordo com a norma ASTM D3039. O gráfico foi elaborado a partir destes valores registados e é apresentado em

Fig.4.1 (a), Fig. 4.1 (b) e Fig. 4.1 (c).

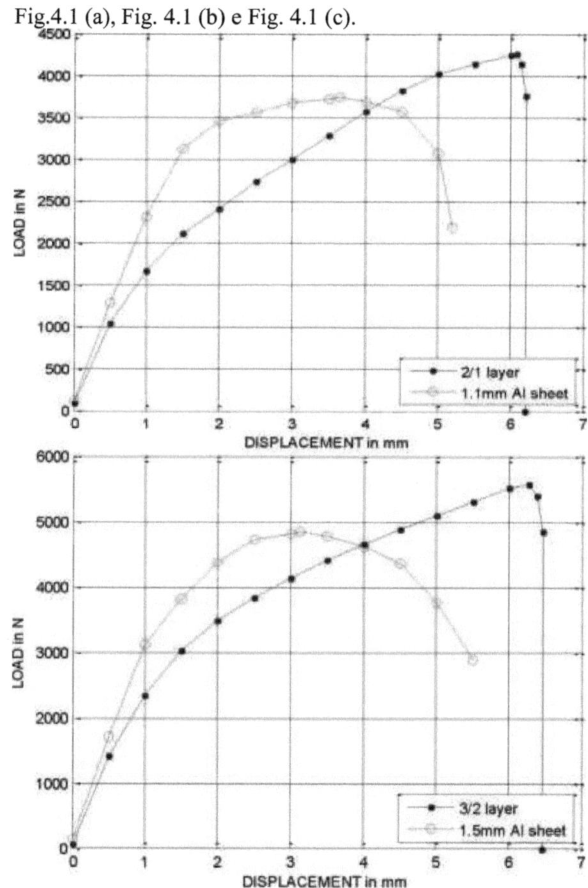

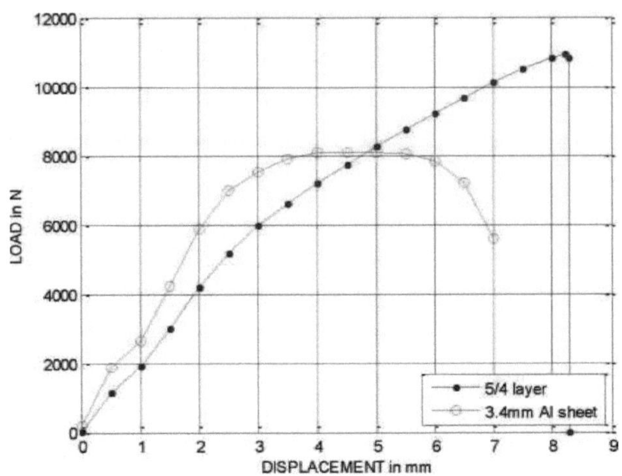


Fig.4.1 (a,b,c) Carga vs Deslocamento do vidro e das chapas de alumínio

A Fig. 4.1 (a) mostra que a carga aumenta até atingir o valor máximo de 4250,96 N no caso do laminado de brilho. Mas a carga aumenta até atingir o valor máximo de 3737,5 N para a chapa de alumínio. O laminado de brilho leva uma carga mais elevada para fraturar os espécimes devido à propriedade combinada do metal e da fibra de vidro, em comparação com as chapas de alumínio. Além disso, os laminados Glare sofreram uma deslocação máxima no pico de carga de cerca de 6,083 mm, após a fratura do espécime a carga desce subitamente no laminado Glare, mas a chapa de alumínio sofreu uma deslocação máxima no pico de carga de cerca de 3,65 mm, após a fratura sofre uma deslocação mínima. Do mesmo modo, os laminados Glare3/2 e Glare 5/4 atingem a carga máxima a 5189,62N e 10928N, respetivamente. No caso das chapas de alumínio com a mesma espessura, a carga máxima é de 4849N e 8087,5N, respetivamente. Os deslocamentos do laminado de brilho rondam os valores de 6,028mm e 8,223mm. Do mesmo modo, os deslocamentos das chapas de alumínio rondam os valores de 3,13mm e 4,5mm, respetivamente. Os resultados revelaram que as lâminas de brilho levam mais carga para fraturar os espécimes do que as chapas de alumínio.

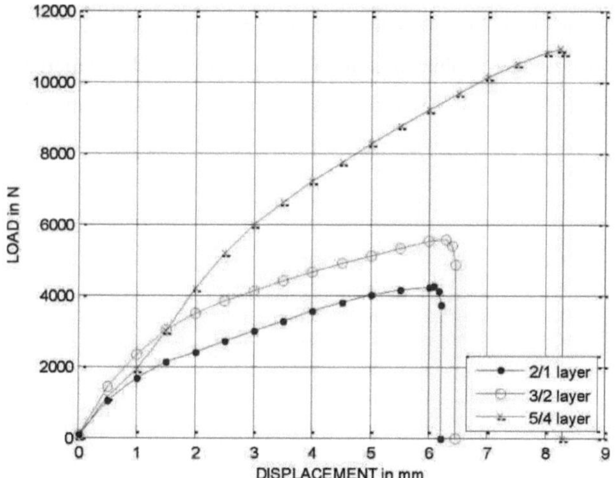


Fig.4.2 (a) Carga vs. Deslocamento do encandeamento

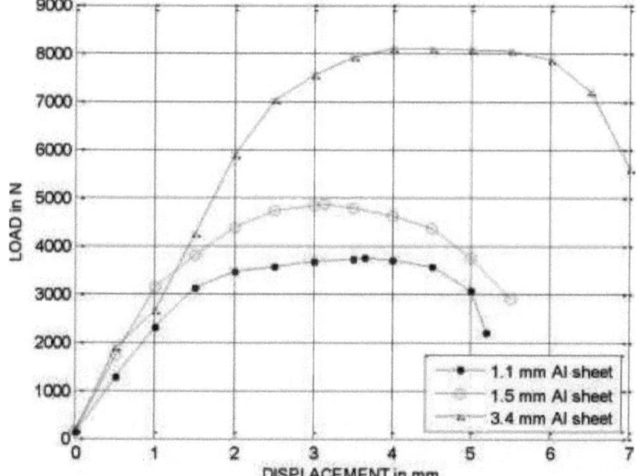


Fig.4.2 b) Carga vs. Deslocamento de chapas de alumínio

A Fig. 4.2 (a) mostra as curvas carga vs. deslocamento dos laminados Glare 2/1, 3/2 e 5/4.

A Fig. 4.2 (b) mostra as curvas carga vs. deslocamento das chapas de alumínio com a mesma espessura de camada. A Fig. 4.2 (a) revela que os laminados Glare 5/4 requerem mais carga para fraturar os espécimes em comparação com os laminados Glare 3/2 e 2/1. O Glare 5/4 contém 44% de fibra. No caso dos laminados Glare 3/2 e Glare2/1, o teor de fibra é de 40% e 33,33%, respetivamente. Concluiu-se que a percentagem volumétrica de fibra aumenta e tende a suportar mais carga, sendo necessária mais carga para fraturar os espécimes. A carga necessária para fraturar os espécimes depende completamente da espessura do . Se a espessura de 0,5 mm aumentar quase 25 a 30% mais

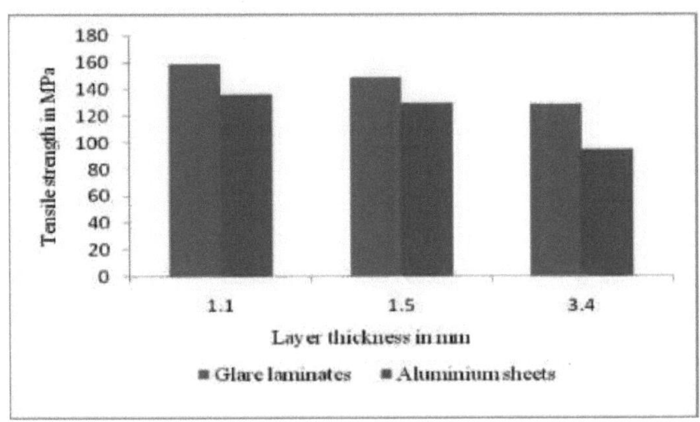


carga é necessária para fraturar os espécimes.

Fig.4.3 Resistência à tração versus espessura da camada

A Fig. 4.3 mostra a resistência à tração em função da espessura da camada de laminados de brilho e de folhas de alumínio. A resistência à tração da camada de 1,1 mm de espessura do laminado de brilho e da folha de alumínio é superior à da camada de 1,5 mm de espessura, do mesmo modo que a resistência à tração da camada de 1,5 mm de espessura do laminado de brilho e da folha de alumínio é superior à da camada de 3,4 mm de espessura do laminado de brilho e da folha de alumínio. Sempre que se aumenta a espessura da camada, a resistência à tração tende a diminuir. Obviamente, a resistência à tração dos laminados de brilho é superior à das folhas de alumínio, o que é comprovado pelo trabalho experimental. O laminado de brilho com uma espessura de camada de 1,1 mm tem uma resistência à tração 14,29% superior à das folhas de alumínio com a mesma espessura. Da mesma forma, as espessuras de camada de 1,5 mm e 3,4 mm são 12,86% e 25,99% mais resistentes do que as chapas de alumínio, respetivamente.

Fig.4.4 mostra o modo de falha e a localização dos espécimes de tração. De acordo com a norma ASTM, neste ensaio ocorre o modo de rotura do tipo LGM. L-Lateral, G-Área de falha, M-Localização da falha.

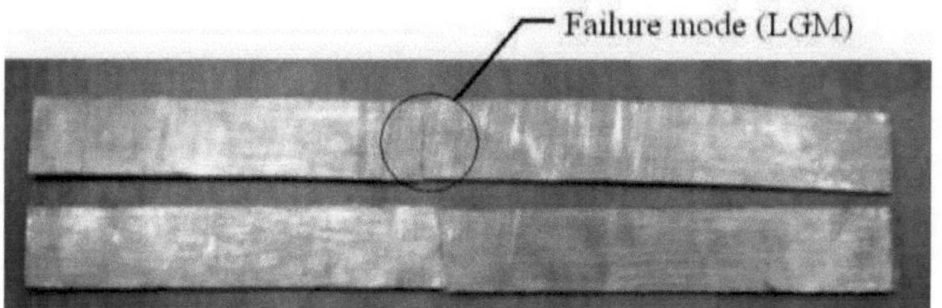


A Fig. 4.4 mostra o modo de falha e a localização dos espécimes de tração

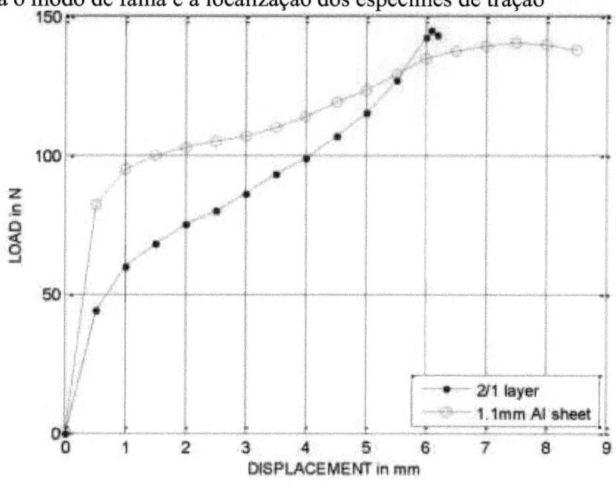


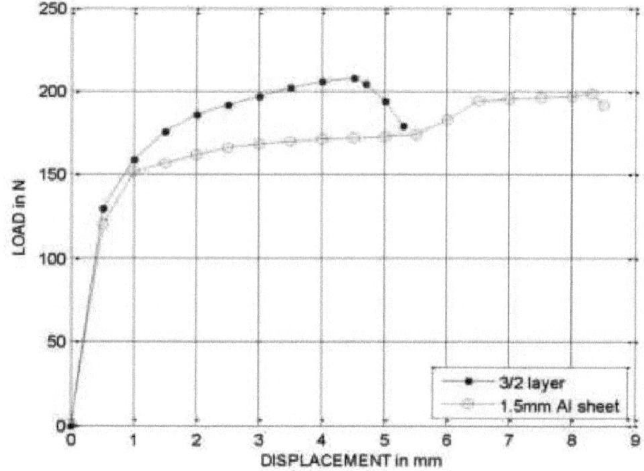

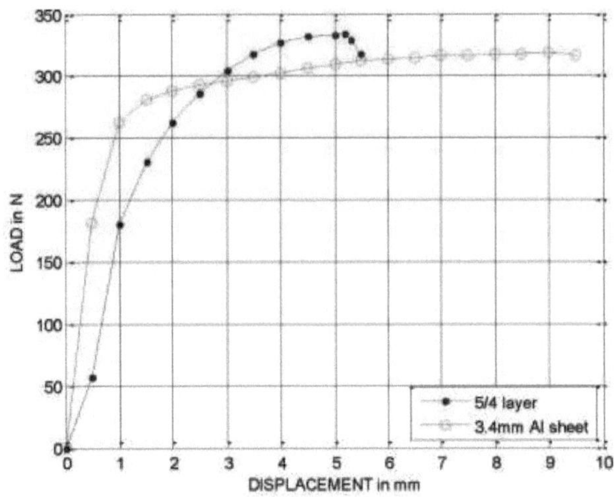


Fig.4.5 (a,b,c) Carga vs. Deslocamento do vidro e das chapas de alumínio

A Fig. 4.5 (a), a Fig. 4.5 (b) e a Fig. 4.5 (c) mostram um gráfico típico de Carga vs. Deslocamento dos laminados Glare2/1, 3/2 e 5/4 e também das chapas de alumínio com a mesma espessura de camada durante o ensaio de flexão de acordo com a norma ASTM D790, respetivamente. A Fig. 4.5 (a) mostra que a carga aumenta até atingir o valor máximo de 153 N para o laminado de brilho e sofre uma queda súbita da força. A carga aumenta até atingir o valor máximo de 140,5 N para a chapa dc alumínio e sofre uma diminuição gradual da força. O laminado de brilho requer uma carga mais elevada para dobrar os espécimes devido à propriedade combinada do metal e da fibra de vidro, em comparação com as chapas de alumínio. No ensaio de flexão, as chapas de alumínio sofreram um deslocamento máximo no pico de carga de cerca de 7,5 mm, mas os laminados de brilho sofreram um deslocamento máximo no pico de carga de cerca de 6,081 mm. Durante o ensaio de flexão, as chapas de alumínio sofreram um deslocamento máximo após a fratura, em comparação com os laminados de brilho. Da mesma forma, os laminados Glare 3/2 e 5/4 atingem o pico de carga em torno do valor de 217,7N e 351,1N, respetivamente. No caso das chapas de alumínio, a carga máxima é de cerca de 198N e 318N, respetivamente. Os deslocamentos das chapas de alumínio rondam os valores de 8,3 mm e 9 mm, respetivamente. Mas as deslocações do laminado de brilho rondam o valor de 4,5 mm e 5,2 mm, respetivamente. Estes valores também descrevem que os laminados de brilho exigem uma carga mais elevada para dobrar os espécimes.

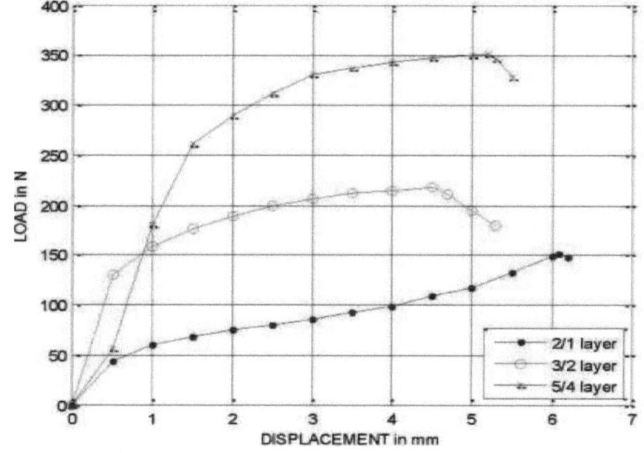


Fig.4.6 (a) Load vs. Displacement of glare laminates

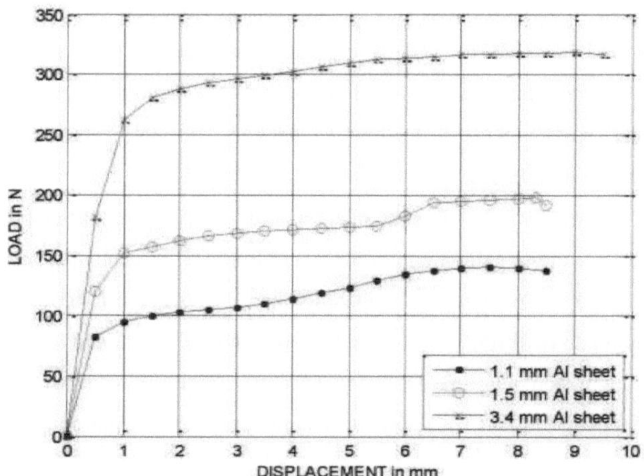


Fig. 4.6 (b) Carga vs. Deslocamento de chapas de alumínio

A Fig. 4.6 (a) mostra as curvas carga vs. deslocamento dos laminados Glare 2/1, 3/2 e 5/4 para os provetes de flexão. A Fig. 4.6 (b) mostra as curvas de carga vs. deslocamento das chapas de alumínio com a mesma espessura de camada para os provetes de flexão. A comparação entre as duas curvas mostra que os laminados de brilho requerem mais carga para dobrar os espécimes do que as chapas de alumínio. A carga necessária para fraturar os espécimes depende completamente da espessura. Se a espessura de 0,5 mm aumentar quase 30% mais carga é necessária para dobrar os espécimes.

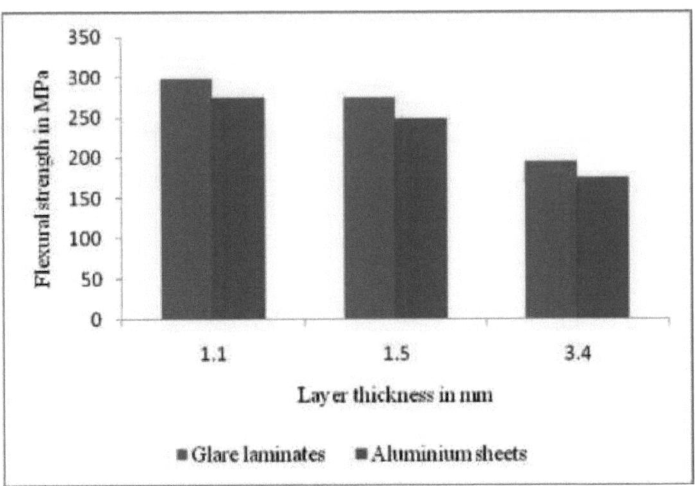


Fig.4.7 Resistência à flexão vs. espessura da camada

A Fig. 4.7 mostra a resistência à flexão versus a espessura da camada de laminados de brilho e chapas de alumínio. A resistência à flexão da camada de 1,1 mm de espessura do laminado Glare e da folha de alumínio é superior à da camada de 1,5 mm de espessura, do mesmo modo que a resistência à flexão da camada de 1,5 mm de espessura do laminado Glare e da folha de alumínio é superior à da camada de 3,4 mm de espessura do laminado Glare e da folha de alumínio. Sempre que se aumenta a espessura da camada, tende-se a diminuir a resistência à tração. É evidente que a resistência à flexão dos laminados de brilho é superior à das folhas de alumínio, o que é comprovado pelo trabalho experimental. O laminado de brilho com 1,1 mm de espessura é 8,14% mais resistente à flexão do que as folhas de alumínio com a mesma espessura. Da mesma forma, as espessuras de camada de 1,5 mm e 3,4 mm são 9,12% e 9,80% mais resistentes do que as chapas de alumínio, respetivamente.

Tabela 4.1 Propriedades de tração dos laminados Glare

| Camada | Máximo. Carga de rutura em N | Máximo. Resistência à tração em Mpa | Deslocamento à carga de pico em mm | Espessura do provete em mm |
|---|---|---|---|---|
| 2/1 | 4250.96 | 158.58 | 6.083 | 1.1 |
| 3/2 | 5564.62 | 148.39 | 6.289 | 1.5 |
| 5/4 | 10928.0 | 128.56 | 8.223 | 3.4 |

Tabela I Propriedades de tração das chapas de alumínio

| Espessura do provete em mm | Máximo. Carga de rotura em N | Resistência máxima à tração em Mpa | Deslocação em Carga de pico em mm |
|---|---|---|---|
| 1.1 | 3737.5 | 135.91 | 3.65 |
| 1.5 | 4849.0 | 129.33 | 3.13 |
| 3.4 | 8087.5 | 95.14 | 4.50 |

Quadro II Propriedades de flexão dos laminados Glare

| Camada | Máximo. Carga de rutura em N | Máximo. Resistência à flexão em Mpa | Deslocamento à carga de pico em mm | Espessura do provete em mm |
|---|---|---|---|---|
| 2/1 | 153.0 | 298.6 | 6.081 | 1.1 |
| 3/2 | 217.7 | 274.0 | 4.5 | 1.5 |
| 5/4 | 351.1 | 195.14 | 5.2 | 3.4 |

Tabela 4.4 Propriedades de flexão das chapas de alumínio

| Espessura do provete em mm | Máximo. Carga de rotura em N | Resistência máxima à tração em Mpa | Deslocação em Carga de pico em mm |
|---|---|---|---|
| 1.1 | 140.5 | 274 | 7.5 |
| 1.5 | 198.0 | 249 | 8.3 |
| 3.4 | 318.0 | 176 | 9.0 |

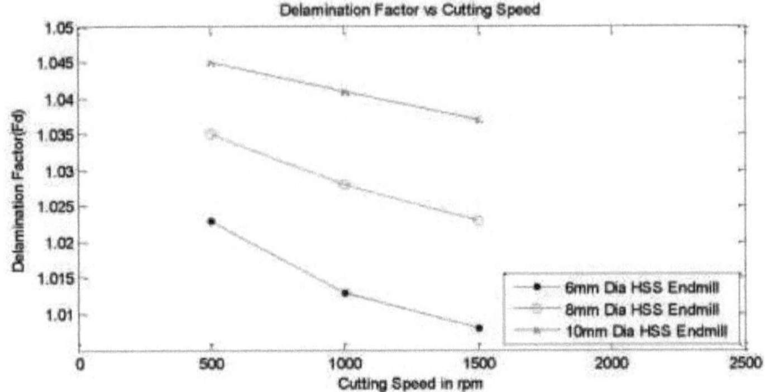


Fig 4.8 Efeito da velocidade de corte no fator de delaminação (Fd) para fresas de topo HSS de 6 mm, 8 mm e 10 mm

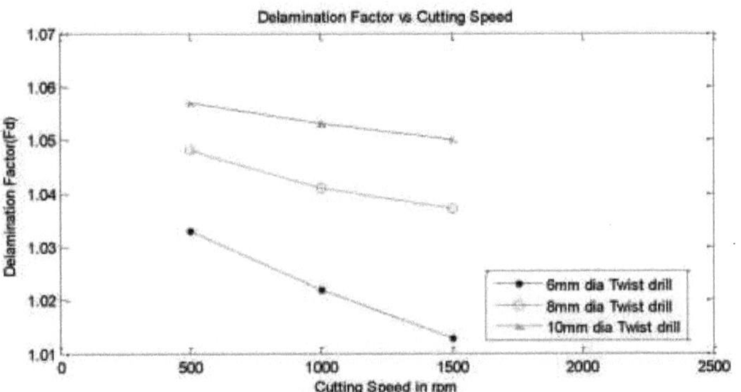


Fig 4.9. Efeito da velocidade de corte no fator de delaminação (Fd) para brocas helicoidais HSS de 6 mm, 8 mm e 10 mm

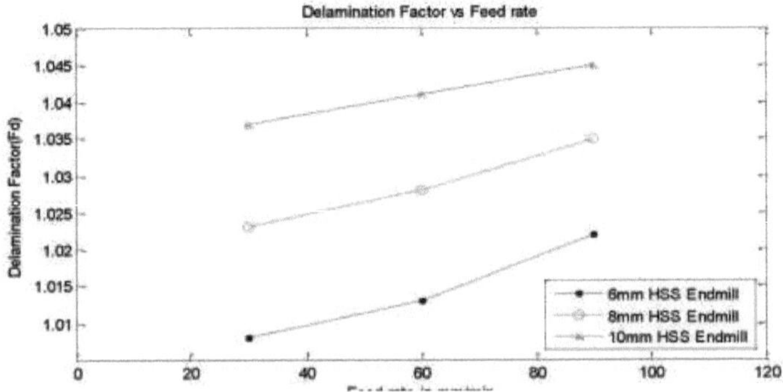


Fig 4.10 Efeito da velocidade de avanço no fator de delaminação (Fd) para fresas de topo HSS de 6 mm, 8 mm e 10 mm

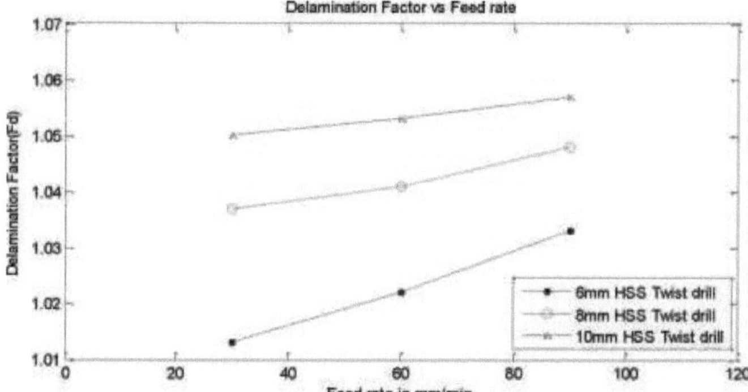


Fig 4.11. Efeito da velocidade de avanço no fator de delaminação (Fd) para brocas helicoidais HSS de 6 mm, 8 mm e 10 mm

O gráfico 4.8 mostra o efeito da velocidade de corte no fator de delaminação (Fd) para as fresas de topo HSS de 6 mm, 8 mm e 10 mm. O fator de delaminação diminui sempre que se aumenta a velocidade de corte da fresa de topo para vários diâmetros. O fator de delaminação para a fresa de topo de 6 mm é comparativamente inferior ao da fresa de topo de 8 mm e 10 mm. A partir do gráfico 4.10, o fator de delaminação aumenta sempre que se aumenta a velocidade de avanço da fresa de topo. A delaminação é diretamente proporcional à taxa de avanço. De acordo com o gráfico, a fresa de topo HSS de 6 mm tem um melhor desempenho do que as fresas de 8 mm e 10 mm. A fresa de topo de 10 mm resulta sempre num maior fator de delaminação, o que significa maiores danos no laminado compósito.

O gráfico 4.9 mostra o efeito da velocidade de corte no fator de delaminação (Fd) para a broca helicoidal HSS de 6 mm, 8 mm e 10 mm. O fator de delaminação diminui sempre que se aumenta a velocidade de corte da broca helicoidal para vários diâmetros. O fator de delaminação da broca helicoidal de 6 mm é comparativamente inferior ao da broca helicoidal de 8 mm e 10 mm. A partir do gráfico 4.11, o fator de delaminação aumenta sempre que se aumenta a velocidade de avanço da broca helicoidal. A delaminação é diretamente proporcional à taxa de avanço. De acordo com o gráfico, a broca helicoidal HSS de 6 mm tem um melhor desempenho do que as brocas helicoidais de 8 mm e 10 mm. A broca helicoidal de 10 mm resulta sempre num maior fator de delaminação, o que significa maiores danos no laminado compósito.

Fig 4.12. Efeito da velocidade de corte no fator de delaminação ($F_d$) para fresa de topo HSS de 6 mm e broca helicoidal HSS

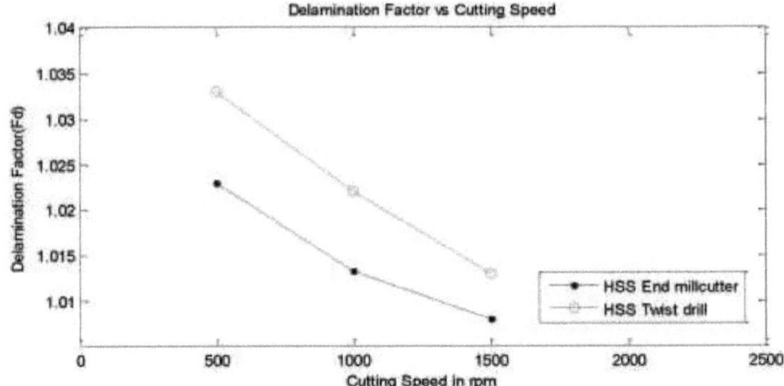


Fig 4.13. Efeito da velocidade de corte no fator de delaminação ($F_d$) para a fresa de topo HSS de 8 mm e a broca helicoidal HSS

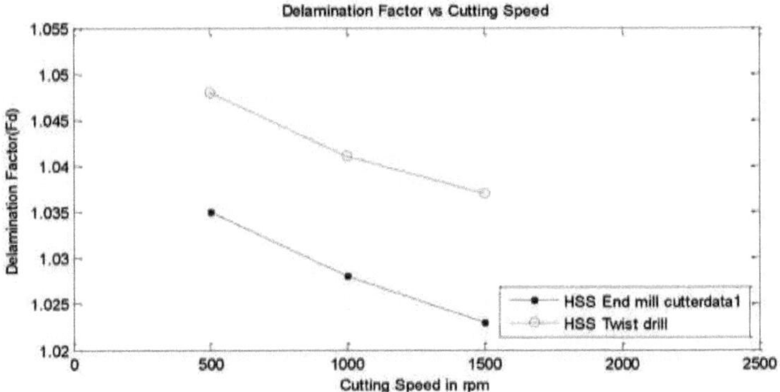


Fig 4.14. Efeito da velocidade de corte no fator de delaminação ($F_d$ ) para a fresa de topo HSS de 10 mm e a broca helicoidal HSS

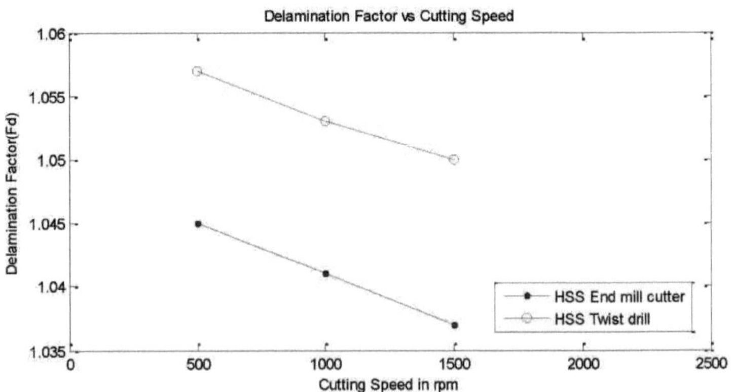

A partir do gráfico 4.12, o fator de delaminação da fresa de topo HSS de 6 mm é inferior ao da broca helicoidal de 6 mm. Da mesma forma, a partir do gráfico 4.13, o fator de delaminação para a fresa de topo HSS de 8 mm é inferior ao da broca helicoidal de 8 mm. A partir do gráfico 4.14, o fator de delaminação para a fresa de topo HSS de 10 mm é inferior ao da broca helicoidal de 10 mm. Em todos os gráficos, o fator de delaminação ($F_d$) da fresa de topo HSS é inferior ao da broca helicoidal HSS. Verifica-se que a taxa de avanço e a velocidade de corte são as que mais contribuem para o efeito de delaminação. De um modo geral, a utilização de uma velocidade de corte elevada e de um avanço baixo favorece uma delaminação mínima na perfuração de laminados Glare.

Tabela 4.5 Resultados experimentais para o fator de delaminação ($F_d$)

| Nível | Perfurar Material | Perfurar Diâmetro em mm | Fuso Velocidade em rpm | Avanço em mm/min | Diâmetro máximo delaminado $D_{max}$ em mm | Delaminação Fator $F_d = D_{max}/D_0$ |
|---|---|---|---|---|---|---|
| 1 | HSS (extremidade fresa) | 6 | 500 | 90 | 6.14 | 1.022 |
| | | | 1000 | 60 | 6.08 | 1.013 |
| | | | 1500 | 30 | 6.05 | 1.008 |
| | | 8 | 500 | 90 | 8.28 | 1.035 |
| | | | 1000 | 60 | 8.23 | 1.028 |
| | | | 1500 | 30 | 8.19 | 1.023 |
| | | 10 | 500 | 90 | 10.45 | 1.045 |
| | | | 1000 | 60 | 10.41 | 1.041 |
| | | | 1500 | 30 | 10.37 | 1.037 |
| 2 | HSS (Torção broca) | 6 | 500 | 90 | 6.20 | 1.033 |
| | | | 1000 | 60 | 6.13 | 1.022 |
| | | | 1500 | 30 | 6.08 | 1.013 |
| | | 8 | 500 | 90 | 8.39 | 1.048 |
| | | | 1000 | 60 | 8.33 | 1.041 |
| | | | 1500 | 30 | 8.30 | 1.037 |
| | | 10 | 500 | 90 | 10.57 | 1.057 |
| | | | 1000 | 60 | 10.53 | 1.053 |
| | | | 1500 | 30 | 10.50 | 1.050 |

### Microscópio eletrónico de varrimento

O Microscópio Eletrónico de Varrimento (MEV) é um tipo de microscópio eletrónico que capta imagens da superfície de uma amostra, varrendo-a com um feixe de electrões de alta energia num padrão de varrimento rasterizado. Os electrões interagem com os átomos que constituem a amostra, produzindo sinais que contêm informações sobre a topografia da superfície da amostra, a sua composição e outras propriedades, como a condutividade eléctrica. O MEV pode produzir imagens de resolução muito elevada da superfície de uma amostra, revelando pormenores com menos de 2 a 5 nm de dimensão. Devido ao feixe de electrões muito estreito, as micrografias do MEV têm uma grande profundidade de campo, com um aspeto tridimensional caraterístico, útil para compreender a superfície de uma estrutura de uma amostra. Para a obtenção de imagens convencionais no MEV, as amostras devem ser eletricamente condutoras, pelo menos à superfície, e eletricamente ligadas à terra para evitar a acumulação de cargas electrostáticas à superfície. Os objectos metálicos requerem pouca preparação especial para o MEV, exceto a limpeza e a montagem num suporte de amostra. As amostras não condutoras tendem a carregar-se quando são varridas pelo feixe de electrões e, especialmente no modo de imagem de electrões secundários, isto causa falhas de varrimento e outros artefactos de imagem. Por conseguinte, são normalmente revestidas com um revestimento ultrafino de material condutor de eletricidade, geralmente ouro, depositado na amostra por pulverização catódica a baixo vácuo ou por evaporação a alto vácuo. Os materiais condutores atualmente utilizados para o revestimento de amostras incluem o ouro, a liga de ouro/paládio, a platina, o ósmio, o irídio, o tungsténio, o crómio e a grafite. O revestimento impede a acumulação de carga eléctrica estática no provete durante a irradiação de electrões. A imagem pode ser captada por fotografia a partir de um tubo de raios catódicos de alta resolução, mas nas máquinas modernas é captada digitalmente e apresentada num monitor de computador e guardada no disco rígido de um computador. Todas as amostras têm também de ter um tamanho adequado para caberem na câmara de amostras e são geralmente montadas de forma rígida num suporte de amostras chamado stub de amostras. Vários modelos de SEM podem examinar qualquer parte de uma pastilha semicondutora de 6 polegadas (25 cm), e alguns podem inclinar um objeto desse tamanho até 45°.

# CAPÍTULO 5
# CONCLUSÃO

O trabalho de projeto apresenta a investigação experimental das caraterísticas mecânicas e de maquinabilidade de laminados de alumínio reforçado com fibra de vidro (Glare) 2/1, 3/2 e 5/4, bem como de chapas de alumínio da mesma espessura. Com base nos resultados experimentais foram retiradas as seguintes conclusões.

a. O aumento do volume da percentagem de fibra no alumínio tende a diminuir a resistência à tração e a resistência à flexão

b. Carga máxima necessária para fraturar os espécimes, aumento da espessura dos espécimes. c. A resistência à tração e à flexão dos laminados de brilho é superior à das chapas de alumínio.

d. O deslocamento do provete depende da espessura do provete

Neste relatório, é apresentado um trabalho experimental sobre a delaminação induzida por perfuração associada a vários parâmetros de maquinagem (velocidade de corte e taxa de avanço) em laminados Glare. As seguintes conclusões podem ser retiradas da investigação acima referida:

a. Verificou-se que os danos mínimos por delaminação ocorrem na fresa de topo HSS em comparação com a broca helicoidal HSS devido à elevada velocidade de corte. Assim, a delaminação diminui consideravelmente com o aumento da velocidade de corte.

b. O fator de delaminação aumenta sempre que aumenta a taxa de avanço da broca. A delaminação é diretamente proporcional à velocidade de avanço.

c. O fator de delaminação do furo de 6 mm de diâmetro é melhor do que 8 mm e 10 mm, tanto para a fresa de topo HSS como para a broca helicoidal. Também o fator de delaminação ($F_d$) da fresa de topo HSS é inferior ao da broca helicoidal HSS

A taxa de avanço e a velocidade de corte são as que mais contribuem para o efeito de delaminação. De um modo geral, a utilização de uma velocidade de corte elevada e de um avanço baixo favorece uma delaminação mínima na perfuração de laminados Glare

d. A dureza do material da broca contribui significativamente para a variação das forças e do acabamento.

# CAPÍTULO 6
# REFERÊNCIAS

[1] Vogelesang, L.B.; Vlot, A. Journal of Materials Processing Technology, v. 103, 2000 p. 1-5.

[2] E.M. Castrodezaa, J.M. Rodrigues Touçaa, J.E. Perez Ipiñab, F.L. Bastiana Determinação do *CTODC* em laminados de fibra metálica pelos métodos ASTM e Schwalbe, Material Research vol 5, No. 2, 2002, 119 - 124.

[3] Abrate S. Impacto em materiais compósitos laminados. Appl Mech Rev 1991;44(4):155- 89.

[4] Botelho EC, Silva RA, Pardini LC, Rezende MC. Uma revisão sobre o desenvolvimento e as propriedades de compósitos híbridos de fibra contínua/epóxi/alumínio para estruturas aeronáuticas. Mater Res 2006; 9(3):247-56.

[5] Tamer Sinmazçelik et al. Uma revisão: Laminados de fibra metálica, antecedentes, tipos de ligação e métodos de ensaio aplicados. Materiais e Design 32 (2011) 3671-3685

[6] B.M.Liaw, Y.X.liu e E.A.Vilars Mecanismo de danos por impacto em laminados de fibra metálica Actas da conferência anual SEM sobre mecânica experimental e aplicada 4-6 de junho de 2001, Portland, Oregon 536-539

[7] Y.X.Liu e B.M.Liaw, Drop weight impact on Fiber metal laminates using various indenters.Proceedings of SEM X International congress and Exposition on Experimental and Applied mechanics, Costa Meas, CA, June 7-10, 2004, Paper no 386.

[8] Prashanth Banakar, H.K.Shivananda e H.B.Niranjan, Influência da orientação e espessura da fibra nas propriedades de tração dos compósitos de polímero laminado Int.J.Pure Appl.sci. Technol., 9(1)(2012), pp. 61-68

[9] Krishnakumar, S., Fiber Metal laminates-the Synthesis of Metals and Composites, Material and Manufacturing Processes, Vol. 9, 1994, pp. 295-354.

[10] Wu, H. F., Wu, L. L., Use of Rule of Mixtures and Metal Volume Fraction for Mechanical Property Predictions of Fiber-Reinforced Aluminum Laminates, Journal of Materials Science, Vol. 29, No. 17, 1994, pp. 4583- 4591.

[11] Alderliesten RC. Fatigure. In: Vlot A, Gunnick JW, editores. Fibre- metal laminates: an introduction. Dordrecht: Kluwer Academic Publishers; 2001 [capítulo 11].

[12] N.Rajesh Mathivanan, J.Jerald. Investigação experimental das caraterísticas de impacto a baixa velocidade de laminados compósitos epóxi de vidro tecido de grau EP3. Journal of Minerals & Materials charcterisation & Engg, 2012;11(3)pp. 321-333

[13] A. Pourkamali Anaraki G. H. Payganeh, F. Ashena ghasemi, A. Fallah. Um estudo experimental sobre o comportamento de tração das placas de alumínio fissuradas reparadas com remendos compostos FML. Academia Mundial de Ciência, Engenharia e Tecnologia, 2012pp.61

[14] H. Esfandiar, S. Daneshmand e M. Mondali. Analysis of Elastic-Plastic Behavior of Fiber Metal Laminates Subjected to In-Plane Tensile Loading, Int J Advanced Design and Manufacturing Technology, Vol. 5/ No. 1/ December- 2011

[15] Chandramohan.D, Marimuthu.K Perfuração de material compósito de polímero reforçado com partículas de fibra natural IJAERS 2011, Vol. I Issue I, pp 134-145 .

[16] Dilli Babu, K. Sivaji Babu, B. Uma Maheswar Gowd Drilling Uni-Diretional Fiber- Reinforced Plastics Manufactured by Hand Lay-Up: Influence of Fibers' American Journal of Materials Science and Technology 2012, 1: 1-10.

[17] Mohammad Alemi Ardakani, Akbar Afaghi Khatibi e Hady Parsaiyan. Um estudo experimental sobre a resistência ao impacto de laminados de alumínio reforçado com fibra de vidro (Glare) (2008).

[18] ASTM, Standard test method for tensile properties of polymer matrix composite materials, ASTM D3039, Annual Book of ASTM Standards, American Society for Testing and Materials, PA, 15(03) (2006).

[19] ASTM, Standard test method for Flexural properties of Unreinforced and Reinforced Plastic and Electrical Insulating materials, ASTM D790, Annual Book of ASTM Standards, American Society for Testing and Materials, PA, 15(03) (2003).

[20] ASTM D2674 - 72(2012) Métodos normalizados de análise da solução de corrosão de

sulfocromato utilizada na preparação de superfícies de alumínio

[21] ASTM D2651 - 01(2008) Guia normalizado para a preparação de superfícies metálicas para colagem de adesivos.

[22] Murugesh M.C e K.Sadashivappa Influência do material de enchimento nos laminados compósitos de fibra de vidro/epóxi durante a perfuração' International Journal of Advances in Engineering & Technology(IJAET) 2012, 233 Vol. 3, Issue 1, pp. 233-239

[23] Madhavan, S, Balasivanandha Prabu.S An Experimental Study of Influence of Drill Geometry on Drilling of Carbon Fibre Reinforced Plastic Composites' International Journal of Engineering Research and Development 2012, Vol. 3, Issue 1 PP. 36-44.

Printed by Books on Demand GmbH, Norderstedt / Germany